我的第一套安全书

出行安全

我的第一套安全书编委会 编

U0201642

吉林出版集团股份有限公司 | 全国百佳图书出版单位

图书在版编目（CIP）数据

出行安全 / 我的第一套安全书编委会编. — 长春 : 吉林出版集团股份有限公司, 2014.1（2021.6 重印）
（我的第一套安全书）
ISBN 978-7-5534-3496-4

Ⅰ.①出… Ⅱ.①我… Ⅲ.①安全教育 – 儿童读物
Ⅳ.①X956-49

中国版本图书馆CIP数据核字(2014)第003246号

我的第一套安全书
CHUXING ANQUAN
出行安全

出版策划：孙　昶
项目统筹：孔庆梅
项目策划：于姝姝
责任编辑：于姝姝　韩学安
责任校对：颜　明
制　　作：（电话：010-52089365）
出　　版：吉林出版集团股份有限公司（www.jlpg.cn）
　　　　　（长春市福祉大路 5788 号，邮政编码：130118）
发　　行：吉林出版集团译文图书经营有限公司
　　　　　（http://shop34896900.taobao.com）
电　　话：总编办 0431-81629909　　营销部 0431-81629880/81629881
印　　刷：三河市燕春印务有限公司（电话：15350686777）
开　　本：720mm×1000mm　1/16
印　　张：9
字　　数：60千字
版　　次：2014年4月第1版
印　　次：2021年6月第3次印刷
书　　号：ISBN 978-7-5534-3496-4
定　　价：38.00元

部分安全警示标志牌

禁止烟火

禁止带火种

禁止跳下

禁止抛物

必须穿救生衣

必须系安全带

必须戴防护帽

禁止触摸

禁止攀登

禁止游泳

禁止通行

禁止入内

禁止跨越

禁止倚靠

当心夹手

当心车辆

注意安全

当心坠落

当心触电

当心跌落

紧急出口

避险处

急救点

当心吊物

当心碰头

常用的报警电话号码

报警求助拨打110：电话接通后要按民警的提示讲清报警求助的基本情况，现场的原始状态，有无采取措施，犯罪分子或可疑人员的人数、特点、携带物品和逃跑方向等。打110还要提供报警人的所在位置、姓名和联系方式。

交通事故拨打122：电话接通后要说明事故的发生地点、时间、车型、车牌号码、事故起因、有无发生火灾或爆炸、有无人员伤亡、是否已造成交通堵塞等。还要说出你的姓名、性别、年龄、住址、联系电话。

火警拨打119：电话接通后要准确报出失火地点的详细地址、什么东西着火、火势大小、有没有人被困、有没有发生爆炸或毒气泄漏以及着火的范围等。同时，将自己的姓名、电话号码告诉对方，以便联系。

医疗救护拨打120：电话接通后讲清病人所在的详细地址。说清病人的主要病情，使救护人员能做好救治设施的准备。报告呼救者的姓名及电话号码。准备好随病人带走的药品、衣物等。在等待救护车的过程中如果病人病情有变化，一定要及时向120急救中心说明情况。

目录

目录

疯狂单车

●昨晚，乔治和妹妹琳达正在看电视，他们被电视里"英雄开车追盗贼"的故事深深吸引住了。

妹妹兴奋地说道："哥哥，我最近车技可是大长，有可能超过你吧。""就你啊，再练三年吧！"哥哥乔治一副不屑一顾的样子。

●第二天早上，吃过早饭，琳达抓起书包，一边向外走一边对爸爸妈妈说："爸爸妈妈，我走啦……"妈妈说："不等你哥哥啦？""不等啦，我自己先走了。"

妈妈看了看饭桌上的乔治，说："赶紧一起去上学吧，你妹妹已经走了。"乔治一听妹妹已经出门了，抓起三明治赶快追出去。

等乔治推着单车出来，琳达的身影早就不见了。"嘿，跑得还真快！"乔治嘀咕着，跨上单车向前追去。此时，马路上车水马龙，一派繁忙的景象。

"琳达，琳达，等等我……"乔治看见琳达了，于是大声喊道。

2

可是，琳达故意装作没听见，把车子骑得更快了，甚至还戴上耳塞，单手骑车。"琳达，小心……"乔治的话还没说完，妹妹就已经撞上了马路边的大树。

乔治一看事情不妙，立刻追了上来，只见琳达坐在地上，手捂着脚，大哭起来。乔治蹲下想看看琳达有没有受伤，琳达推开了乔治的手，哭得更加厉害了。乔治低头一看，妹妹的脚已经肿了一大块，心想：不好，妹妹的脚可能扭伤了。

这可把乔治吓坏了，但他很快就镇定下来。乔治先拨打了120，然后吩咐妹妹坐在原地休息，努力安抚妹妹的情绪，静静等待救护车的到来。

没过多久，救护车来了，妹妹被抬上了救护车。医生吩咐乔治坐在旁边，一起赶往医院。

琳达强忍着疼痛。乔治在车上焦急地问："医生，我妹妹会不会骨折？"医生说："你是哥哥吗？你妹妹的伤势不算重，到了医院拍个X光片先看一下情况再说，别着急。"

乔治拉着妹妹的手安慰道："琳达，忍着点儿疼，有我在，一切都会好的！"琳达幸福地看着哥哥："哥，你是我的保护神。"

★一定不要带着不良情绪骑车，要遵守交通规则，不闯红灯，不上机动车道，不为了快捷方便而逆向骑车，更不要在交通繁忙的地带骑车，以免发生交通事故。

★骑车时，双手不要离把，不要多人并排骑行，不要互相搀扶，不要互相追逐打闹。

★骑车时一定要注意力集中，千万不要戴耳机。

安全过马路

乔治和琳达正在校门口等爸爸妈妈。因为他们约好了今天放学后，全家人一起去吃晚饭，然后去看电影。

没过一会儿，琳达看到爸爸妈妈在马路对面，于是挥手叫喊。由于马路上很嘈杂，爸爸妈妈根本没有听到，于是琳达急忙向马路中央跑去。

乔治见妹妹这一举动，赶忙叫道："琳达，小心！有车！"说着便追上去，但是马路上行驶的车辆太多了，没法追上琳达。乔治心想："这回完蛋了，妹妹不会出事吧？我该怎么办呢？"

正当乔治手足无措的时候，只听到"嘎"的一声，一名身穿制服的交警情急之下叫停了正在行驶中的车辆。

"天啊！你要干什么啊？"很显然，马路对面的妈妈看到了这一幕，被琳达的举动给吓坏了。琳达被交警叔叔带回马路边，乔治赶忙抓住妹妹的手，有些生气地说："你这是干吗啊？""我只是想早点儿走到爸爸妈妈身边而已。"琳达虽然嘴上狡辩着，但还是充满歉意地低下了头。

这时，爸爸妈妈走过来连忙向交警道歉："对不起，对不起，我女儿给您添麻烦了。"爸爸似乎有些生气，看了看兄妹俩。

交警叔叔笑了笑说："没关系，下次记得过马路走人行横道就行了，刚才实在太危险了。"

● 乔治有些委屈地说："真没想到妹妹会自己直接往马路中间跑，太吓人了。"

爸爸摸了摸乔治的头，说："你可不是小超人，遇到紧急情况时，要沉着冷静啊！"

"是的，要是车速快，司机也刹不住车啊。"交警叔叔微笑地说。

"对不起，我再也不给交警叔叔添麻烦了。"琳达拉了拉妈妈的手说，"那，现在我们去吃饭、看电影吧。以后我们一定过马路多注意，好吗？"妈妈看了看琳达说："以后是得多注意，出了事后悔也来不及啊！"

★在过马路时，一定要遵守交通规则，红灯亮时要止步；绿灯亮时，也要看清左右确实没有车辆驶过，才可以过马路。如果走到马路中间时，信号灯变了，最好小跑前进。

★当要穿越马路时，一定要走斑马线、地下通道或过街天桥，不要横穿马路，更不要攀爬隔离护栏。

★不能一边看书一边走路，更不能在马路上玩耍和追逐打闹。

今天晚上，琳达将在中秋晚会上展示她一年来精心苦练的孔雀舞。同学们都来给她捧场了。

表演非常成功，琳达完美的舞姿获得了全场热烈的掌声。

演出结束，各班按照顺序离开会场。琳达还没来得及换衣服，同学们就已经挤在楼梯口祝贺她了。

鲜花、掌声，狭窄的楼梯上，光线有些暗，但此时的琳达已被幸福陶醉。

"琳达，今晚我请客，你们想吃什么？"黑暗中，班长小胖突然冒出一句。"好啊，我要吃爆米花……""我要吃羊排。""我要麦当劳……"大家七嘴八舌地嚷嚷起来。

琳达一边提着裙子，一边回应道："好啊，现在就去吧！""对，对，对，现在就去，现在就去……"很多人附和着。于是，同学们便加快了脚步。

"啊……疼死我了。"突然，楼梯上传来琳达的尖叫声。"琳达，你怎么了？"乔治在后面担心地问道。"琳达……琳达……"同学们向琳达投来关切的目光。"哎哟，是谁不小心踩到我的裙子啦？"琳达一边揉着脚一边说。

班长过来把琳达扶了起来："琳达，受伤了没有啊？"琳达说："不知道，好疼啊！"这时，班长吩咐同学们分散开，一个个扶着楼梯扶手，慢慢下楼。同时让其中一位同学去通知校医，他留下陪着琳达先坐下不动。

不一会儿，校医赶来，为琳达做了及时救助。

幸好只是轻微的扭伤，在校医的帮助下，琳达两天后便可以正常走路了。

★上下楼梯时应靠右行走，不要猛跑，不在楼梯上随意停留。

★上下楼梯时，不要拥挤，也不要挤压扶手；不勾肩搭背并排行走，同一台阶上不要超过三个人。

★上下楼梯时，要与前后的行人保持一定距离，以防摔倒和碰伤，而且不能在楼梯上快速奔跑、追逐打闹。

★下楼时，千万不要坐在楼梯扶手上滑下来，也不要在拥挤的楼梯上弯腰拾东西、系鞋带。

如果遇到有人摔倒，后面的人要全部后退。

一个周末的晚上，妈妈因为要做一个大手术，不能回家吃饭。九点多的时候，爸爸突然说："宝贝，我们一起给妈妈准备一个惊喜怎么样？"

"惊喜？好啊！好啊！可是我们要给妈妈准备什么惊喜呢？"乔治回过头来问道。

爸爸神秘地说："我们去医院给妈妈送夜宵，这样妈妈肯定会很感动的，你们说对不对？"乔治和妹妹都高兴得跳了起来。

三个人很快就到了医院楼下，大楼里已经很少有人出入了。爸爸带着乔治和琳达进了电梯，按下了20层的按钮。

电梯升到15楼的时候，突然猛地一颤，竟然垂直往下滑，乔治和琳达吓得哇哇大叫。好在电梯到了10楼就停住了。

可是按钮怎么也按不动，门也打不开了，该怎么办呢？"爸爸……爸爸……我怕……""我也怕……呜呜呜……"乔治和琳达扑到爸爸身上，脸色都变了。

爸爸搂着两个孩子，安慰道："宝贝，不怕，不怕，有爸爸在，我们按了紧急按钮，一会儿就有人过来救我们了。"

爸爸让乔治和琳达抓着电梯里的扶杆，不要随意走动，然后他掏出手机，可是电梯里根本就没有信号。

爸爸又拿起了电梯里的对讲机，不停地呼叫救援中心，终于，那边传来了声音。

放下对讲机后，爸爸转过身来对兄妹两个说："别担心，维修人员马上就来救我们出去了。"可是乔治和琳达还是紧紧抓着爸爸的衣服不放。

爸爸说："以后啊，如果遇到这样的危险，千万不要惊慌，首先要想办法与外界取得联系，并耐心等待外界的援助，千万不要去扒电梯的天花板，也不要强行掰开电梯门，这样是非常危险的，记住了吗？"乔治和琳达点了点头。

不一会儿，维修人员就赶到了，在他们的努力下，电梯终于恢复了正常运行。"谢谢叔叔！"乔治和琳达向维修人员鞠了个躬，然后关上电梯，电梯平稳地来到了20层。

这时候妈妈刚刚换下手术服，乔治和琳达一五一十地说着刚才的经历。妈妈也被吓坏了。

"你们三个啊，大晚上的还……"说着说着，妈妈眼睛里闪烁着感动的泪花。

爸爸微笑地说："好了，事情都已经过去了，孩子们都很安全，你就不要担心了。"说完，一家四口紧紧地相拥在一起。

★电梯发生故障时，大家一定不要慌张，要保持冷静，互相安慰。

★利用电梯内的对讲机、警铃或者电话等一切有可能的救援方式求救，千万不要爬出电梯或者强行用力掰开电梯门。

★电梯内如无警铃或电话按钮，手机又没有信号时，可拍门叫喊或脱下鞋子拍门敲打，发出求救信号。如无人回应，需冷静等待，观察动静，不要不停呼喊，要保持体力，等待救援。

遭遇黄蜂

周末，乔治一家四口外出郊游。为了这次郊游全家人准备了整整一个星期，只要有可能用上的物品，他们都带上了。

爸爸开着车带着全家人来到了位于郊外的一座小山脚下。哇！这里实在是太美了。整个世界就像一个色彩斑斓的调色板，绿色的、红色的、黄色的……应有尽有。

"爸爸妈妈，我们该做些什么呢？"琳达天真地问道。

爸爸清了清嗓子，说："好！我给大家分工，妈妈和琳达在这儿搭帐篷，我和乔治到山上捡一些柴火，我们准备烧烤。""好啊，好啊！我们还从来没有在野外烧烤过呢！"乔治兴奋极了。

爸爸接着说："柴火捡回来后，我再去小河里钓几条鱼，我们吃烤全鱼，怎么样？"听到这儿，琳达的口水都快流出来了，连忙催着大家赶紧动手干活。

很快，大家各自忙了起来。一来到山上，爸爸就叮嘱道："乔治，要小心点儿，别让树枝划破了手啊！"乔治一边应着，一边向山坡上走去。

可是，还不到五分钟，乔治就抱着头来找爸爸："爸爸，爸爸……好疼啊，好疼啊……"爸爸连忙跑过来，问道："亲爱的，怎么了？让我看看。"乔治把手从头上拿下，只见他头上有一个肿块，红红的。乔治倒吸一口气，强忍着疼痛说："……我也不知道被什么叮了一下，有种针刺的感觉，好疼啊，爸爸。"

"快，快回去……"说着，爸爸背起乔治就往帐篷走去。"妈妈，你看哥哥怎么了？"眼尖的琳达发现爸爸背着乔治，吓了一跳。

爸爸气喘吁吁地说："没……没事儿，乔治……乔治被黄蜂蜇了……"妈妈连忙从爸爸背上抱下乔治。爸爸把手洗干净后，小心翼翼地在乔治的伤口上挤压，然后再用清水清洗伤口。乔治感到轻松了一点儿，爸爸又把带来的药涂抹在乔治的伤口上。

看着哥哥难受的样子，琳达生气地说："我们去把那些黄蜂都烧死吧，为哥哥报仇！"爸爸听了，制止道："千万不要去冒险，现在当务之急是将乔治送到医院去。"爸爸摇了摇头，又说："很遗憾，咱们本周郊游活动只得终止了……"

就这样，大家又赶紧收拾好东西，把乔治送到了医院。后来，乔治羞愧地说："早知道后果这样严重，我才不去惹那些黄蜂，好好的郊游就这么泡汤了。"

妈妈听了跳了起来："你这孩子，原来那黄蜂是你主动招惹的啊？"乔治摸了摸伤口，懊恼地看着窗外。

★在野外游玩时，千万不要招惹黄蜂，以免引起它们凶猛的攻击。

★遇到黄蜂攻击时，切忌逃跑，最好的方法是用衣物保护好自己的头部原地趴下不动。

★如果被黄蜂蜇伤了，可以用醋、盐、风油精或清凉油涂在伤口上，缓解疼痛，然后挤压伤口，挤出毒液后，再用清水清洗伤口。

★简单处理后密切观察半小时左右，如果发现有呼吸困难、呼吸声音变粗、带有喘息声等症状，就要立即送往最近的医院医治。

这天下午放学后，爸爸妈妈没能及时来接乔治和琳达，兄妹两人只好在学校门口等，他们知道爸爸妈妈正在赶往学校的路上。

乔治和琳达在学校门口等啊等啊，可是都已经一个多小时过去了，爸爸妈妈还是没有到。乔治不耐烦地说："琳达，要不我们自己回家去吧……"

琳达连忙打断道："不行，要是爸爸妈妈来了发现我们不在这儿，他们会很着急的。"

"好吧，那就再等会儿吧！"乔治摸了摸自己瘪瘪的肚子，无奈地说道。琳达看着哥哥的样子，开心地笑了。

正在这个时候，一个陌生人向他们走了过来。他微笑着说："小朋友，你们的爸爸妈妈太忙了，没时间过来接你们，他们让我来接你们回家。"琳达问道："你是谁，你说的是真的吗？"

乔治连忙上前拉开妹妹："我们不认识你，不跟你走。"陌生人又说："我说的是真的，我是你们爸爸妈妈的朋友，他们有事走不开。"

31

乔治警觉地问道："你说是我们的爸爸妈妈让你来接我们，那你说我们俩叫什么名字，还有，我爸爸妈妈叫什么名字，你知道吗？"陌生人听完，支支吾吾地说不出话来。

陌生人随即换了一副面孔，准备将兄妹两人强行带走。乔治看见自己的班主任林老师正从学校里出来，他连忙大声喊道："林老师——林老师——"

林老师听见，急忙跑了过来，陌生人见状，只得灰溜溜地逃走了。林老师顿时明白了，她向乔治伸出大拇指，表扬道："乔治真勇敢，对待陌生人就应该这样警惕。"

琳达听完低下头，不好意思地说："老师，我还以为他真是爸爸妈妈的朋友，险些被他欺骗。"林老师拉着兄妹两人的手，说："好了，老师陪着你们一起等爸爸妈妈，好吗？"

很快，爸爸妈妈赶来了，听完两个孩子刚才的经历，爸爸用力拥抱着乔治，并在他的额头上亲了一下，以此表示对这份勇气的极大赞赏。

妈妈却被吓出了一身冷汗，她一边向老师道谢，一边保证，以后不管多忙都要先来接孩子。

★如果在路上遇到陌生人搭讪，不要理会他，可以装作没听见，但不要用一些过激性的言语激怒对方。与此同时观察周围有没有路人，尽量向路人靠近，这样就可以打消陌生人的不良企图。

★不要随便相信陌生人的话，更不要跟随陌生人走，要自觉抵制陌生人的"诱惑"，尤其是不能吃陌生人给的食物。

★一旦发现陌生人有不良企图，要朝人多的地方大声呼救。

●乔治和琳达居住的小区附近正在修建一个小体育场，工地上各种机械轰鸣，虽然噪声有点扰民，但大家还是很高兴，因为他们再也不用跑到很远的地方去锻炼了。

那天一大早，乔治和琳达跑步回来，路过工地。

●乔治看着正在工地上工作的机械，感到非常好奇：这些庞然大物都是怎么工作的？我得去看看！想着，乔治就不自觉地靠近了那些大型机械。

"哥哥，你要干吗啊？很危险的……"琳达看见了马上制止道。

"噢……亲爱的妹妹，我只是看看这些大家伙是怎么工作的！"乔治没有理会妹妹的话，靠得更近了。

琳达也拿哥哥没办法，只好站在远处提心吊胆地看着哥哥。只见一台挖土机轰鸣着朝兄妹俩的方向驶来，琳达想喊哥哥回来，但是机器声早就把她的呼唤声盖住了。

就在这时候，一个皮球从乔治身边滚过，径直向挖土机滚去。接着跑过来一个小朋友，看着停在挖土机旁边的皮球，哇哇大哭了起来。

乔治看了看身边的小朋友，蹲下身来说："小朋友不哭，大哥哥去帮你捡回来，好吗？"小朋友擦干眼泪，朝乔治点了点头。

乔治向妹妹做了个胜利的手势，然后慢慢向挖土机走去。琳达吓坏了，连忙更大声地叫了起来："哥哥，危险，你别去，快回来……"可是，乔治根本就不听妹妹的劝阻。

就在乔治快要靠近挖土机的时候，挖土机前方的"巨手"突然高高伸了起来，然后停在了乔治的头顶。看着头顶上的庞然大物，这下乔治才真正意识到了危险，吓得脸色都变了。

同时，挖土机驾驶员也发现了乔治，他生气地打开驾驶舱门，大声呵斥道："哪里来的孩子？赶紧走开，危险……"

看着驾驶员凶巴巴的样子，乔治更加不知所措了起来。幸亏从旁边工棚里走出一个工作人员，把乔治和那个皮球带离了工地。

脱离险境的乔治看见妹妹琳达和爸爸朝自己走来，原来琳达劝不住哥哥，只好回家"搬救兵"去了。乔治含着泪扑向爸爸的怀里，身体还在一个劲儿地发抖呢！

安全提示！！

★出行途中经过正在施工的工地，一定要从防护棚下通行，从而避免高空坠物等意外伤害。

★假如自家附近有工程施工现场，并且存在路面破损、乱堆杂物等威胁出行安全的情况，可向相关部门拨打举报电话请求帮助。

★不可以在工地附近玩耍，尤其是车辆进出口处，更不能偷偷溜进正在作业或暂停作业的工地内部玩耍。

8

电线杆倒下

"看来昨天晚上的那阵风还挺大的，你看路边这么多树都被吹倒了，真是太可惜了……"上学路上，看着一路上狼藉的样子，乔治忍不住对妹妹琳达说。琳达附和道："是啊！你看那棵树都有碗口粗了。"

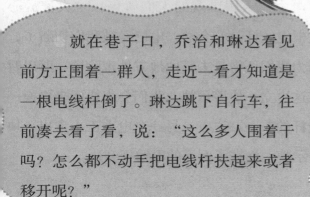

乔治和琳达上学路上必须经过一片老城区，这里拥挤不堪，道路狭窄，树木疏于修剪，排水设施陈旧，因此每次一遇上刮风下雨，都是杂乱无章、大水肆虐。

就在巷子口，乔治和琳达看见前方正围着一群人，走近一看才知道是一根电线杆倒了。琳达跳下自行车，往前凑去看了看，说："这么多人围着干吗？怎么都不动手把电线杆扶起来或者移开呢？"

乔治说："或许是还不确定是否安全吧！电这东西看不见摸不着的，谁也不敢轻举妄动啊！"琳达点头说道："也是，可是这样一直围着看热闹也不是办法啊。"

正说着，从巷子深处走来三四个电力工人。只见他们一边疏散围观群众，一边将电线杆移到一旁。

●电力工人跟围观的人们解释："大家放心吧！这根电线杆是安全的，电已经被我们切断了，但是因为我们还得赶去其他地方处理险情，所以暂时先在这边立一块警示牌，我们会很快回来更换一根电线杆的……"说着，另一个电力工人拿出一块黄色警示牌，立在了倒下的电线杆旁边。

●电力工人走后，人群也散去了，交通也恢复了。因为刚才耽误了不少时间，乔治和琳达兄妹加紧蹬着车子去学校。

●乔治对琳达说："像刚才那种情况，刮风下雨天气经常会遇到。下次遇到的话，可不能贸然去接近电线杆。"琳达回答道："嗯，我们又不是专业维修人员，咱们能做的最多就是在旁边提醒路人注意安全。"

●乔治满意地朝妹妹打了个响指，妹妹也回报哥哥一个灿烂的笑容。

★如果电线杆倒在你的不远处，那么你站立的地方也许会有较高的电压，所以，一定不要轻易靠近电线杆，更不要用手脚去接触电线杆。

★在地震、台风期间，千万不要在电线杆附近行走。如果遇到电线杆倒下，要及时联系当地的供电部门，让他们处理。

★电线杆倒地后，供电部门应该及时在电线杆周围立一个安全警示标志，提醒路人注意安全。

9

飞来横祸

放学路上，乔治和妹妹琳达骑着单车回家，一路上有说有笑的。这是一天中兄妹两个最放松的时刻，他们一边骑车，一边说着一天来各自班级发生的新鲜事。

不知不觉中乔治和琳达就骑行到了一个下坡处，这段路虽然不是特别陡，但是很长，加上道路两边的树都长到一块儿了，傍晚时分，整条道路显得有些昏暗。

"琳达，你跟在我后面，小心点儿，不过别跟得太紧了……"乔治加快速度，骑到了妹妹前面。

下坡最轻松了，不用用力蹬车，耳边还有徐徐凉风吹来。前面就是坡底拐弯处了，乔治不由得猛蹬了两下车子。"哥哥，你等等我……"后面传来琳达的声音。

"哐当……"只听得一声巨响，还没等乔治反应过来，就重重地摔在了地上，车子也倒在一边，两个车轮还在飞转着。

"啊！谁啊，是哪个坏蛋……"等乔治勉强睁开眼睛时，妹妹琳达来到了自己身边，她一边小心地扶起哥哥，一边大声喊道。

原来，就在坡底的拐弯处，路政人员正在维修地下管道，刚挖了一个小坑。因为天太黑，乔治没有看见警示牌，等他反应过来，已经来不及刹车了。幸好当时旁边没有人，不然后果不堪设想。

"哥哥，你快坐下，受伤了吧？我去打电话叫爸爸来接我们，我们赶紧去医院吧！"琳达说完，就往路边的公共电话亭走去。

过了一会儿，爸爸妈妈赶来了。妈妈找来了施工负责人，大声责备他们没有做好安全防范工作。爸爸查看了乔治的伤情后，马上将乔治送到了医院。

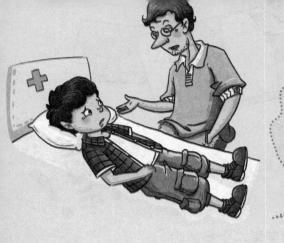

●看着受伤的乔治，爸爸妈妈心疼极了。爸爸说："亲爱的，这次受伤虽不能说全是你的错，但你也必须负主要责任哦。"

●"因为只要你小心观察，谨慎骑车，是完全可以避免这场事故的，这次就算是给你一个教训吧！"

●乔治看了看自己受伤的双腿，哇的一声哭了出来："我怎么这么倒霉啊？"妈妈一把搂住乔治，哽咽道："宝贝不哭，以后小心就是了！"

★骑自行车时，要选择车型大小合适的自行车，不要骑儿童玩具车，也不要骑大型车。

★经过交叉路口，要减速慢行，注意来往行人；如果要拐弯，伸出胳膊示意，千万不能在马路中间突然停下。骑车时，也不要戴着耳机听广播或者音乐。

★骑自行车上下坡，过隧道、山洞时，一定要紧靠右侧。如果是在陡坡下行，一定要下车推行。

一个周末的下午，琳达到同学小雨家里一起做作业，爸爸把琳达送到小雨家后就走了。爸爸临走时跟琳达说："亲爱的，傍晚爸爸就来接你回家哦！"

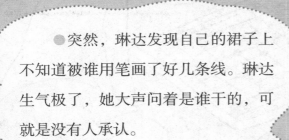

小雨家里来了很多同学，大家在一起做作业、玩游戏，可开心了。

突然，琳达发现自己的裙子上不知道被谁用笔画了好几条线。琳达生气极了，她大声问着是谁干的，可就是没有人承认。

　　琳达不想在小雨家里待着了，她也不想跟小朋友们一起玩了，她想让爸爸来接她。可是琳达不知道电话号码，联系不上爸爸，于是她咬咬牙推开门，走了出去，很快消失在人群中。

　　一出来琳达就后悔了，她根本不知道怎么回家，而且身上也没钱。可是琳达不想回到小雨家去，她要争这口气，她不想跟不诚实的孩子一起玩。

　　琳达就这么走啊走啊，可是她发现每条街道、每座高楼都是一模一样的。琳达这才意识到，自己迷路了。想到这儿，琳达慌了，便委屈地哭了起来。

这个时候，家里的乔治和妈妈接到了小雨打来的电话。得知琳达独自一人走了，母子两人急坏了。他们一边出门，一边打电话给爸爸，让他也赶紧回来找琳达。

●一家三口找遍了好几条街道、好几个广场，最后才在一个小巷口找到了琳达。

琳达满脸泪水地靠在路边的围墙根上，目不转睛地盯着来往的车辆和行人，估计她是累坏了。

一见到家人，琳达立刻蹦起来跳进了妈妈怀里，哭得昏天暗地。妈妈也心疼地掉下了眼泪："宝贝，你吓坏妈妈了，吓坏妈妈了……"琳达上气不接下气地说："妈妈，我以为……我以为你们不要……不要我……不要我了呢……"

　　乔治有点儿生气地说："琳达，我们不要你？是你自己赌气出走才迷路的好不好！"爸爸妈妈瞪了一眼乔治，说："傻孩子，我们怎么会不要你呢？"

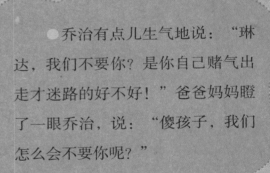

　　琳达擦去眼泪，仍然心有余悸。想想刚才的遭遇，琳达把爸爸妈妈的手抓得更紧了。

★如果迷路了，要保持冷静，不要大声哭喊，因为这样容易引起坏人的注意。

★如果是与家长、朋友或同学一起出去时走丢的，应该待在原地不乱跑，因为同行人发现你不见了，肯定会原路返回来找你。

★如果在商场、地铁、公园等公共场所迷路，可以找到工作人员帮忙广播寻找家人，也可以向附近的警察求救。

★如果有随身携带手机的，应该及时拨打父母的电话，如果没有手机等通信设备的，一定要能说出父母的电话号码。

乔治看了看手表，糟糕，快八点了！今天是周六，乔治要到学校附近的一个培训中心参加绘画培训。可是早上起得太晚了，看来如果不骑快点儿估计会迟到。

● 乔治沿着那条熟悉的道路奋力向前骑去，可能是因为周末车少，乔治很快就骑到了学校门口，再往前骑一个路口，就到培训中心了。

正当乔治想要喘口气的时候，他突然发现前方路上立着一个牌子，牌子上写着：前方道路施工，请过往行人车辆绕行！乔治嘀咕道："噢！我的天啊，怎么会这样！"

前方道路施工，请过往行人车辆绕行！

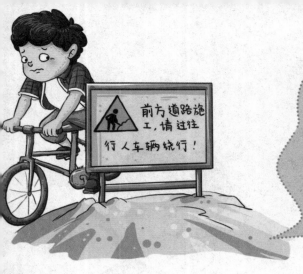

乔治又看了看表，只剩下三分钟就上课了。乔治又探头看了看前方施工现场，好像没有机器和人的声音啊，估计施工结束了吧！想到这儿，乔治决定穿过工地。

正当乔治走到一半的时候，突然前方轰隆隆地开来一辆铲车，这可把乔治吓坏了，差点儿没从自行车上摔下来。乔治脑袋轰的一下，顿时不知所措了。

就在这千钧一发的时候，突然从一旁冲出一个戴着安全帽的工人叔叔，他一把拉过乔治，怒喝道："你这孩子，不要命啦？"

看着工人叔叔生气的样子，乔治也委屈极了，他说："我以为没人呢，我要去上课，怕迟到，才……才……"

●工人叔叔理了理乔治的衣服，说："孩子，担心迟到也不能拿生命开玩笑啊！"

●"以后可千万别干这样的傻事啦！赶紧出去吧！"说完，工人叔叔回到了工棚里。

● 回到家，乔治没敢把早上的经历告诉爸爸妈妈，只跟妹妹琳达说了。琳达被惊得张大了嘴巴："哥，你……你可真够'勇敢'的。"

乔治马上"嘘"了一声，说："别嚷嚷，千万别让爸爸妈妈知道了，我告诉你，就是想让你别跟我一样……"

● 琳达白了乔治一眼，说："我才不像你那么傻呢！哼……"乔治傻傻地笑道："嘿嘿，那就好，那就好。"

★路遇道路施工，一定不要擅自闯入，不管有多急多重要的事情，都要避开施工地段绕道而行。

★不要随意毁坏施工现场的警示牌，发现警示牌倒下要扶起来，或者告知工作人员，以免路人因没看见警示牌，而发生危险。

★如果发现有人硬闯施工工地，要及时制止，或者报告工地的工作人员。

●继上次琳达的采风作品《秋天的水潭》获奖之后，乔治也一直憋着劲要创作出一幅好作品来。

●在乔治的强烈要求下，爸爸妈妈终于同意这个周末再去郊外采风。

这次去的是上次那个山坡下的一个小山谷，乔治和琳达各自架起画架，冥思苦想着自己的"大作"。

琳达还是画那个美丽的水潭，不过这次是盛夏的水潭；乔治画的则是整条溪流，他想用这溪水的灵动之美来战胜妹妹那水潭的安静之美。

爸爸妈妈则在一旁忙着拍照，难得出来一次，可要尽量多搜集一些美好的画面。

"救命啊……救命啊……"这撕心裂肺的喊叫声，瞬间打破了山谷的宁静。那声音好像是从山坡上传来的。

　　●一家人连忙寻声望去，可是根本看不到有什么异常的状况。爸爸收起相机，跟大家伙儿说："你们三个站在这儿，别动，我过去看看。"说完，爸爸朝山坡上走去。

　　●母子三人提心吊胆地看着爸爸的身影消失在山坡上，琳达紧张地问妈妈："妈妈，爸爸一个人去不会有事吧？"

　　●妈妈安慰说："不会有事的，要相信爸爸是最棒的，对不对？"乔治也拉着妹妹的手，说："就是，别担心，爸爸马上就回来了！"

正说着，爸爸就从山坡上探出了头，他向这边喊道："没事儿，是一个小朋友摔倒了，我把她拉上来了。"爸爸身后突然闪出一个小女孩来。

爸爸把小女孩带到了妈妈和兄妹俩的身边，小女孩感激地对爸爸说："叔叔，谢谢你救了我。"

爸爸和蔼地拍了拍小女孩的肩膀说："不用谢，以后一个人来山上可要小心哦！"

小女孩点了点头，说了声"再见"就走了。

爸爸耸耸肩对乔治和琳达说："这个小女孩上山玩，在山路上不小心滑了一跤，还好被树桩挂住了，不然就危险了。"

琳达听着向爸爸竖起了大拇指，说："爸爸，原来您是救人的大英雄啊！"

爸爸笑呵呵地说："这哪能称得上什么英雄啊，遇到这种情况，只要有能力都应该伸出援手的啊！"

乔治点点头说："嗯，要是我以后碰到这样的事情，我也会伸出援手的！"

妈妈看着乔治说："你的想法很好，可是你还是小孩子啊，你确定你有能力救刚才那个小女孩吗？"

乔治想了想，说："呃……没有。"

妈妈接着对乔治和琳达说："就是啊，没能力还怎么救啊！救人首先要量力而为，不能蛮干，除了自己，你还可以向其他人求助啊。"

兄妹俩点点头，回到画架前继续着各自的创作。

★如果在野外受伤了，但身边又没人时，不要惊慌，一定要保持镇静，利用哨声、光照或者点起火堆，烧旺后加入湿草，使滚滚浓烟升向空中等方法发出求救信号。

★在野外如果听到呼救声，一定不要贸然行动，在确定不是骗局之后，再根据自己的能力选择最佳的救援办法。如果确定自己单枪匹马救不了对方时，就应该马上寻找附近的成年人一起帮忙。

一天放学路上，琳达发现路边的小树林里有一只小狗，只见那只小狗全身脏兮兮的，肚子瘪瘪的，正可怜巴巴地看着路人。

琳达顿时起了怜悯之心："哥哥，我们去看看那只小狗吧！"说着，琳达把自行车停在路边，快步奔向小树林。

小狗似乎很怕生人，连连倒退了几步。琳达慢慢地蹲下，然后小心翼翼地抱起小狗。乔治仔细看了看琳达怀里的小狗，说："琳达，这好像是一只吉娃娃，好可爱啊！可惜太脏了，它估计饿坏了。"

"是啊！哥哥，怎么办呢？咱们可不能见死不救啊！"琳达一脸焦急地看着哥哥。"可是……你想怎么办？"乔治也不知道该怎么办。

琳达想了想，说："哥哥，要不我们把它抱回家吧！"乔治听了连连摆手道："那怎么行，要是让小狗的主人知道了，该说我们偷盗了！而且，爸爸妈妈也不一定会同意啊！"

琳达说："可是这小狗脏兮兮的，肯定是只流浪狗啊！求求你了，哥哥，我们把它带回家吧！"

"爸爸妈妈要是责怪，就让他们责怪我吧！"琳达继续说。乔治看了看妹妹充满爱心的眼睛，只好点了点头。

"噢！天啊，你们从哪里抱来的小狗，我想它肯定是饿极了。"

一开门，爸爸就看见了琳达怀里的小狗，急忙接了过来。可是妈妈的反应却大相径庭，她惊叫道："琳达，你怎么什么东西都往家里带啊！这……这只小狗有多脏，你知道吗？"

"妈妈，可是这只小狗太可怜了，你是医生，你给它看看吧！"琳达抬起头，向妈妈乞求道。

看着琳达的样子，妈妈只好说："好吧，我女儿真是长大了，知道同情弱者了，可妈妈不是宠物医生啊！"爸爸听了，从房间拿出一个纸盒，说："我们把小狗装到纸盒里，咱们带它去看医生吧！"

于是，全家人顾不上吃饭，直接把小狗送到宠物医院，给它做了个全身检查。幸好，小狗的身体状况并没有什么大问题，只是因为经常吃不饱饭而营养不良，又因为无家可归，而变得脏兮兮的。

★在路上遇到流浪狗时，首先我们要慢慢靠近，以免被一些警惕性过强的狗狗误伤，也可以用食物作为诱饵先让狗狗放下戒备心。

★等流浪狗被我们抱在怀里以后，要及时带它去医院做个体检，检查有没有皮肤病、狂犬病和其他疾病后，再决定自己是否收养，如果不行，就把它们送到专门的流浪宠物收容所。

★接触过流浪狗后，一定要做好个人卫生，对接触的部位进行清洗和消毒。

晒死人的太阳

暑假期间，乔治和琳达同时报名参加了一个户外夏令营。这个夏令营目的就是训练学员坚强的意志和独立的生活习惯。虽然很辛苦，但是兄妹两个还是乐在其中。

第二天夏令营要组织学员们到海边玩，兄妹两人兴奋了一个晚上。爸爸妈妈也跟着忙了一个晚上，他们把兄妹两个的书包塞得满满的，能想到的东西都带上了。

最后，妈妈说："现在是夏天，太阳光照很强，你们一定要做好防护工作，帽子、防晒霜、水都给你们准备好了。还有，手机也充好电了，有事情就给爸爸妈妈打电话。"

爸爸打断道："他们都这么大了，会照顾好自己的。晚安，宝贝！祝你们拥有一个快乐的海滨之旅。"

哇，又看见大海啦！琳达一下车就向大海奔去，乔治只好背着两个书包，一边吃力地走在沙滩上，一边喊道："琳达……琳达，把帽子戴上……"

琳达一会儿追逐着浪花，一会儿捡贝壳，一会儿堆起沙堆来，根本没把火辣辣的太阳当一回事。

81

"琳达，琳达，昨晚妈妈的话你忘啦？太阳会晒伤你的皮肤，你赶紧抹点防晒霜吧！"乔治终于把妹妹给拉住了。

"哥哥，待会儿就抹，待会儿就抹，好吗？"琳达挣脱开来，又跑远了。"琳达，帽子……帽子戴上……"乔治叹了口气，便不再管琳达了，自己也玩了起来。

"老师，老师，有人晕倒了……"突然，前方传来焦急的呼叫声。乔治大叫一声："不好！"拔腿向前方奔去。果然是琳达晕倒了，肯定是刚才玩得太兴奋，中暑了。

● 这时，随队医生也赶到了。医生让老师将琳达挪到凉伞下，认真地给琳达检查了一遍，不一会儿，琳达便醒过来了。

● 看到妹妹睁开眼睛，乔治一把抱住她，大声哭道："琳达，琳达，你没事吧！都怪哥哥不好，都怪哥哥……"

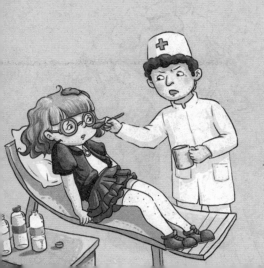

● 医生一边喂琳达喝水，一边嗔怪道："这位同学，你怎么光顾着玩，一点儿防晒措施都不做啊？要不是有人发现你晕倒了，你就危险了。"

"对不起，我错了……"琳达看了看医生，又看了看哥哥，羞愧地说，"其实我妈妈也是医生，我知道该怎么防晒的，只是……只是很久没看见大海，太兴奋了，才……"

医生说："做好防护措施，不是可以更好地玩吗？"

琳达的脸又红了。

★夏天里最好不要于10点至16点之间在烈日下行走，因为这个时间段的阳光紫外线是最强烈的。一定要出门的话，就准备好防晒用品，可以涂点防晒霜，并随身带上风油精、藿香正气水等。

★夏日里出门时要尽量穿一些容易排汗的衣服，多喝一些降温饮品，让身体保持足够的水分。

★如果出现中暑现象，应该立刻撤离高温环境，转移到阴凉处休息，情况严重的要及时送往医院。

周末天气晴朗，正是放风筝的好时节。乔治叫上了班上两个同学，加上妹妹琳达，总共四个人一起来到了江边放风筝。

在乔治的帮助下，琳达终于放飞了风筝。她高兴极了，蹦蹦跳跳的，一边跑着，一边叫着："飞啊，飞啊……替我问候白云……"

不一会儿，四个人的风筝都放飞了，它们自由翱翔在美丽的蓝天上，把地上的四个小朋友都羡慕坏了。阿东望着天上的云彩，突然说："乔治，乔治，你看云层怎么那么厚啊？"乔治想了想说："不好，难道是要下雨了吗？"

"是啊，是啊，乔治，你看那边又飘来了很多乌云啊！"小鹏也叫了起来。乔治转过头去，说："同学们，看来今天真是出师不利啊！我们得回去啦！"

琳达好像很不情愿的样子："不嘛，不嘛，哥哥，我还没玩够呢！"乔治又看了一眼天空，说："琳达，听哥哥的，待会儿下起雨来，打起雷来就麻烦了，不仅风筝会飞跑，我们也会有危险的。"

"啊！这么严重啊！那怎么办？"阿东和小鹏也惊讶地问道。

"轰隆隆……"天空中突然一声炸雷,转眼间,整个天空乌云密布。乔治焦急地喊道:"收线,收线,快!快!"

一阵手忙脚乱过后,四人终于把风筝收了回来。就在这时候,大雨倾盆而至,夹杂着电闪雷鸣。"快,快离开这儿,大树下不安全……"乔治又指挥着大家往近处的一排房子跑去。

"哥哥,哥哥,我怕……我们打电话叫爸爸妈妈来接我们好吗?"琳达抱着哥哥哭道。乔治搂着妹妹说:"琳达不怕,有我们三个哥哥在呢,不怕。再说了,雷雨天气千万不能打电话……"

●乔治又转向阿东和小鹏说："来，大家都听我的，现在双臂抱膝蹲下，身体尽量窝成球形……"

夏天的雷雨来得快，走得也快。没过多久，雨停了，天空又重新放晴了。就在山的那一边，还出现了一道美丽的彩虹呢！

● "乔治，刚才多亏你了，不然我们可真不知道怎么办呢！"阿东和小鹏向乔治竖起了大拇指。琳达得意地仰着脸说："那当然啦，我哥哥可厉害了。"乔治摸摸琳达的头，也笑了。

★如果在户外遇到雷雨天，不要待在露天的、开阔的地方，不要在树林边缘或树下逗留，赶紧找到避雷场所，比如装有避雷针的或钢筋混凝土的建筑物。

★遇到打雷时，在户外应双臂抱膝蹲下，将身体尽量窝成球形，这样可以使自己尽量靠近地面，躲避雷电。

★雷雨天时千万不要接打电话，不要在雷雨中从事打球、游泳等户外运动。

雨后不爬山

"爸爸妈妈……啊……我们多……多久……没……没爬山啦……"琳达一边努力向上攀登，一边回头说道。妈妈笑了笑说："你这孩子，累成这样还说话，别说了，小心脚下。"

是啊！确实很久没有一家四口人一起爬山了。今天是爸爸的生日，爸爸建议过一个健康快乐的生日，于是便有了今天的登山之行。

因为刚开始时爬得太快了，这时的乔治已经累得不行了。只见他一边扶着路边的栏杆，一边一步步地往上挪。

"琳达，你等等我……我……我实在是爬不动了。"琳达转过身来得意地说："好吧，那我们就在这个半山亭上休息一会儿吧！"

一家四口在半山亭中休息，乔治咕噜咕噜地喝着水。琳达看着哥哥狼狈的样子，挑衅道："敢不敢跟我比赛，看看谁先到达山顶啊？上次我输了，这次我一定要赢你。"乔治长舒了一口气，说："比就比，但是你得给我足够的时间休息。"

正说着，天空突然乌云密布。"难道是要下雨吗？"妈妈把身体探出去看了看天空。"没错，雨马上就要来了。"爸爸说。

爸爸话音刚落，只见山间狂风大作，豆大的雨点儿打得山上的树叶哗哗作响。一下子，半山亭里挤满了登山的人。

乔治看着外面的大雨，说："多亏了我吧！要不是我说休息一会儿，咱们肯定被淋成落汤鸡了。"琳达皱了皱眉，调侃道："好吧！总是你有理！"

雨下了好一会儿才停，登山路上的水量也大了起来。琳达拉着乔治的手说："好了，休息够了吧，咱俩比赛去！"乔治毫不示弱地说："比就比，谁怕谁啊！"

“等等……”爸爸拉住了兄妹二人，“不能继续登山了，咱们必须赶紧下山。”琳达奇怪地问道：“为什么啊？爸爸，雨不是停了吗？”乔治也说：“是啊！这回我得让妹妹输得口服心服。”

妈妈也发话了：“亲爱的，听爸爸的话，咱们下山，比赛的事咱们再找机会，好吗？”说完，爸爸妈妈拉着兄妹二人往山下走去。

看着兄妹俩高高噘起的嘴巴，爸爸笑了笑说：“刚刚下完雨，山路湿滑，很容易摔倒。另外，如果遇上山洪暴发，那可就麻烦了！是生命重要，还是登山重要啊？你们说呢！”听爸爸这样说，兄妹二人这才不再闹情绪了。

★大雨过后，千万不要去爬山，因为雨后爬山本来路就湿滑，容易摔倒，且山风较大，遇到大风就会有很大的危险。另外，大雨过后可能暴发山洪，这将给登山者的人身安全带来威胁。

★登山时如果遇上大雨、暴雨，来得及下山就赶紧下山，如果来不及下山，应及时找到安全的避雨场所，也可以到山上的住户那里寻求帮助。

春节马上就要到了，这天吃过早饭，妈妈就招呼着说："今天咱们一家四口买年货去吧！"

爸爸也应和道："宝贝们，你们不是最喜欢过中国的农历新年吗？今天我们就去采购吧！"其实，乔治和琳达早就盼着这一天呢，他们要买很多好吃的、好玩的，还有新衣服。

"不过外面正下着雪，开车不安全，速度也慢，要不我们步行去商场吧！"爸爸建议说。兄妹俩才不在乎怎么去呢，他们满口答应。

一家三口穿好厚厚的羽绒服和雪地靴，就手牵着手出门去了。哇，外面的世界真是太美丽了，到处都是白茫茫的一片。路上行人和车辆比平时多了许多，或许大家都忙着采购年货吧！

行人走得很慢，车辆也走得很慢。看着一家人慢吞吞的样子，琳达恨不得早点到商场，于是，她挣脱妈妈的手，向前快步跑去。"哎呀，这孩子，怎么这么着急呢？"说着，妈妈连忙追了上去。

三个人好不容易才追上琳达，爸爸拉着琳达的手说："好吧！那咱们注意脚下，加快脚步。"好在商场并不远，很快就到了。

100

在商场里转悠了好几个小时，终于把年货都买好了。站在商场门口，妈妈对爸爸说："我们打个车回去吧，东西太多了，拿不了。"爸爸把年货放在地上，来到路口等出租车。

可是半个小时过去了，路上根本就没看见出租车，再这么等下去，非得冻僵不可。妈妈给兄妹俩鼓劲儿说："咱们走回家吧，就当是锻炼身体！"懂事的兄妹俩点了点头。

●一会儿，雪下得越来越大了，十几米之外就什么都看不见了。爸爸突然停了下来，说："乔治，琳达，你们俩把刚才买的衣服拿出来穿上。"

兄妹俩说："不用了，爸爸，我们不冷。"

妈妈好像明白爸爸的意思了，一边把衣服拿出来，一边说："爸爸不是怕你们冷，而是穿上鲜艳的衣服，是给路人看的，鲜艳的颜色容易看见，这样你们走在路上就更安全了。"

兄妹俩这才明白过来，于是麻利地穿上新衣服。两人穿着大红色的衣服，就像雪地里两团燃烧的火焰，漂亮极了。

★冰雪天出门一定要换上防滑的鞋子或靴子，穿上色彩鲜艳的外套或雨披。横穿马路一定要看清来往的车辆，保证有足够的时间穿过马路。小朋友出行一定要有成人专门护送。

★冰雪天骑车出行时，在上下坡、急转弯路段要下车推行。刹车时尽量使车身与路面保持垂直，经过结冰严重的地段时尽量不要骑车。

★冰雪天出行时，如果降雪较大，树木存在被压倒的危险，所以要尽量远离树木以及高高的建筑，谨防被砸伤。

"哥哥，明天早上咱们去天安门广场看升国旗，怎么样？"琳达敲开哥哥的房门，说道。乔治从作业堆里抬起头，说："呃，听起来是个不错的想法。"

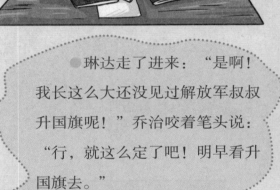

琳达走了进来："是啊！我长这么大还没见过解放军叔叔升国旗呢！"乔治咬着笔头说："行，就这么定了吧！明早看升国旗去。"

第二天一大早，兄妹两个就早早地起床了。妈妈在厨房就听见兄妹俩在嘀嘀咕咕，妈妈说："你俩起这么早干吗呢？"

琳达仰起头，骄傲地说："我要和哥哥去看升国旗，接受爱国主义教育呢！"看着琳达的样子，妈妈笑着对乔治说："乔治，照顾好妹妹哦！"乔治朝妈妈做了个"OK"的手势，兄妹俩出门去了。

刚到楼下，乔治就犹豫了起来："啊！这么大的雾气啊！还怎么去看升国旗啊？"琳达说："怎么了，雾大怕什么啊？朦朦胧胧才最美呢！"

乔治解释道："琳达，这天气根本就不适合出门啊……"

●琳达才不管那么多呢，还没等乔治说完，她就一边向前走去，一边大声说道："你要是不想去就回去吧，我一个人就行……"

●乔治无奈地说："嘿，琳达，你等等，我去……我去……"看着妹妹消失在大雾中的身影，乔治连忙钻进了路边的一家小卖店。

一会儿，乔治追上了妹妹琳达，他气喘吁吁地说："琳达……来，把……把口罩……戴上。"原来，刚刚乔治是买口罩去了。

琳达头也不回地说："戴口罩干吗啊？"乔治说："戴口罩，可以……可以防止吸入……有……有害物质。"

开始，琳达嫌戴着口罩呼吸不畅，不愿意戴。最后，在乔治的反复劝说下，琳达这才极不情愿地戴上口罩。她说："看在哥哥你一片苦心的面子上，我就戴上吧！"看着妹妹的表情，乔治无奈地摇了摇头，继续向前走去。

兄妹两人到达天安门广场，这才发现好多观看升国旗的人都戴着口罩呢！琳达转过身来，朝哥哥竖起了大拇指。

★大雾天气最好不要出门，尤其是患有心脑血管病及呼吸道疾病的患者以及幼儿，以免发生意外或病情加重，如果必须外出一定要戴好口罩。

★雾天能见度低，有时路面湿滑，应注意出行安全，骑自行车要减速慢行，听从交警指挥。

★不要在雾中进行体育锻炼，如跑步、打篮球等，更不要在雾中做剧烈运动。

今天是暑假的第一天，乔治和琳达在爸爸妈妈的带领下，来到位于山脚下的一个避暑山庄游泳。连续好几天的高温酷暑，乔治和妹妹早就在家待烦了，这下他们终于可以尽情地玩耍了。

一整个上午都泡在游泳池里，一家人一会儿打水仗，一会儿比赛潜水，一会儿又花样游泳，全家人很久没有这么开心了。玩了一上午，吃过午饭后，他们决定美美地睡上一觉，准备醒来就回家。

直到下午四点，一家四口才懒洋洋地踏上归途。妈妈负责开车，爸爸则负责给乔治和琳达讲故事。

妈妈一边开着车，一边嘀咕："嘿，这夏天的天气怎么跟小孩似的，刚才还晴空万里，这会儿就乌云密布了。"琳达嚷道："妈妈，我们小孩才没那么善变呢，是吧？哥哥！"乔治随声附和道："就是。"

正说着话呢，雨就下来了，敲得车顶嘭嘭作响。再看看车窗外，这哪是雨啊，从来没见过这么大滴的雨啊，掉在地面上还能弹起来呢！

爸爸皱着眉头说："这是冰雹，车尽量开慢点，咱们必须赶紧找到躲避风雨的地方。"

固态雨

"啊！什么是冰雹啊？"乔治和妹妹从来没见过冰雹。爸爸一边指挥着妈妈找地方避雨，一边说道："冰雹就是水汽凝结成的冰粒，是一种固态的雨……"

乔治说："那些雨怎么跟冰块一样啊？"爸爸说："是啊，因为冷热交替太快了，雨水就变成了小冰粒啦！"乔治看了看白茫茫的天空，说："大自然可真是神奇啊！"

好不容易找着避雨的地方了，全家人这才从车上下来，躲进了一家工厂的厂房里。

爸爸说："这下安全了，冰雹天气往往还会伴有雷电，我们在这儿待着就没事……"

琳达看着地面上一粒粒的冰块，说："要是我们走在路上的话，这么大的冰块打在身上，肯定很疼的。"乔治说："是啊，那可就危险啦！"

那天，为了躲避冰雹，一家人很晚才回到家。但是有了轻松的避暑之旅，又看见了神奇的冰雹，乔治和琳达并没有因此而扫兴。相反，他们一到家就打开电脑，要查查有关冰雹的知识。

★外出遇上冰雹天气时，要迅速进入建筑物等可抗击坠物的设施中，并尽快转移到室内，用雨具或其他代用品保护头部，不要在头顶有玻璃、木板，易塌房屋、易断树枝等场所下躲避，避免被砸伤。

★如果在室内，应迅速关好门窗，并远离玻璃门窗，以免冰雹砸碎门窗玻璃，被玻璃碎片伤到。

★在防冰雹的同时，也要做好防雷电的准备。

台风来了

　　美丽的海滨城市厦门是乔治一家四口暑假旅程的最后一站。琳达是个狂热的旅游爱好者，她早就做好了游厦门的计划：鼓浪屿、日光岩、厦门大学、南普陀寺、中山路，等等。为了厦门之旅，琳达兴奋了好几天。

　　一家四口是在夜幕降临时分到达厦门的，厦门美得叫人心醉。入住酒店后，琳达和乔治早早准备上床睡觉，他们要攒足精神呢！

　　琳达对爸爸妈妈说："爸爸妈妈，你们也赶紧休息吧！别看电视了……"爸爸点了点头，可妈妈却还是目不转睛地盯着电视。"好啦！我们先睡觉啦！晚安！"乔治打了个哈欠。

"呃……"爸爸忽然站起身来，欲言又止。妈妈看着爸爸为难的样子，便把兄妹两个拉到身边，说："亲爱的，有个糟糕的消息必须告诉你们……"

妈妈顿了顿，继续说道："这次厦门之旅，咱们可能只能在酒店待着了……"

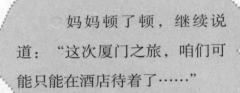

琳达闻言，大叫道："为什么啊？我不……难道我们跑这么远，就是为了来住酒店吗？"乔治也很不理解："是啊！这是为什么啊？"爸爸终于说话了："因为台风要来了。"

● 琳达睁大眼睛说："不会吧，怎么会这么巧让我们给碰上了，那台风什么时候来啊？"妈妈说："你们看，电视上正在播呢，就这两天……"

琳达还是不死心，她说："不是还有一两天才来吗？我们就出去玩一天吧！"妈妈说："台风来得快，走得也快，咱们在宾馆住几天，等台风走了再出去玩，这样行吗？"

听妈妈这么说，乔治也改口了："是啊！我们又不着急，等几天呗！"

琳达说："那好吧！可是我们不是买好了明天的海底世界的门票吗？这个可以去吧？"爸爸笑道："当然啦，在室内参观又不用出海，不过我们还是要做好功课。"

琳达听完，脸上这才阴转晴，高兴地说："那就好，那你们先跟我和哥哥说说台风天都要注意些什么吧！"

爸爸妈妈看着兄妹俩，满意地笑了。

★台风天尽量不要外出，如果在外面，千万不要在临时搭建的建筑物、广告牌、铁塔、大树等附近避风避雨。

★在台风来临前，要准备好蜡烛、手电筒、食物、饮用水、电池和急救用品。

★台风来临时，要检查门窗是否密封。如果风力过强，即便关了窗户雨水仍有可能进入屋内，因此需要准备毛巾和拖布。

★台风过去后，仍要注意破碎的玻璃、倾倒的树或断落的电线等可能造成危险的状况。

很久没出门探险了，爸爸最近正在策划沙漠之旅。让人兴奋的是，这次爸爸决定带上乔治和琳达。这个想法马上遭到妈妈的强烈反对，她觉得孩子还小，去沙漠探险不仅辛苦而且还危险。

没想到，爸爸还没说话，兄妹俩就开始反驳起妈妈来了。乔治说："妈妈，我已经不小了，早就是个男子汉了。"

琳达也说："是啊！爸爸和哥哥都可以保护我了呢……"可是不管他们怎么说，妈妈还是不同意。

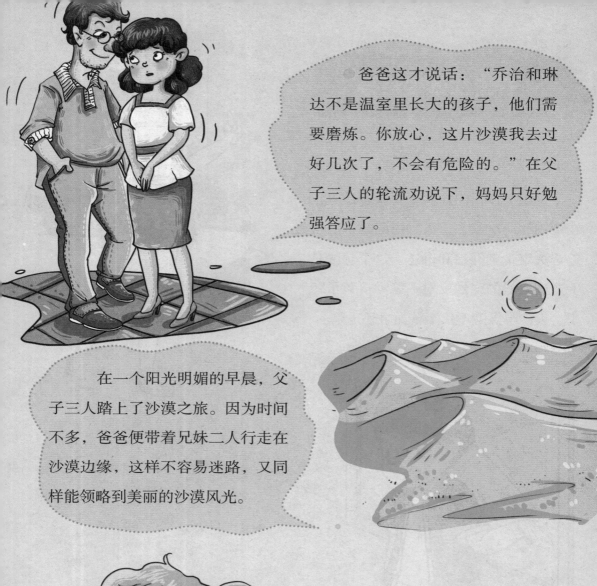

爸爸这才说话："乔治和琳达不是温室里长大的孩子，他们需要磨炼。你放心，这片沙漠我去过好几次了，不会有危险的。"在父子三人的轮流劝说下，妈妈只好勉强答应了。

在一个阳光明媚的早晨，父子三人踏上了沙漠之旅。因为时间不多，爸爸便带着兄妹二人行走在沙漠边缘，这样不容易迷路，又同样能领略到美丽的沙漠风光。

刚走出不到半小时，琳达就有点儿支撑不住了，她一直大口大口地喝水。

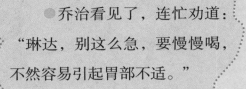
●乔治看见了，连忙劝道："琳达，别这么急，要慢慢喝，不然容易引起胃部不适。"

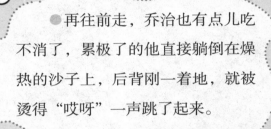
●再往前走，乔治也有点儿吃不消了，累极了的他直接躺倒在燥热的沙子上，后背刚一着地，就被烫得"哎呀"一声跳了起来。

琳达看见了笑得前仰后合的，爸爸给乔治擦了擦汗，说："千万不要直接躺在地上，前面有片小树林，咱们到那儿歇息吧！这样的天气不适合在太阳下活动……"

还没到小树林呢，乔治就一边走，一边脱衣服，还大叫道："热死我了，热死我了……"爸爸看见了，在后面喊道："乔治，乔治……赶紧把衣服穿上。"

琳达拉着爸爸的手问："这么热的天，为什么不能脱衣服啊？"爸爸转过身来说："脱衣服的话，人体的水分容易流失啊。"

终于到了小树林，三人坐下后，爸爸说："天气这么热，估计你们也吃不下什么东西。如果不饿的话，不要勉强吃东西！"

琳达瞪大眼睛说："那我带来的那么多好吃的岂不是浪费了？"

乔治说："这个我知道，因为消化食物是需要消耗体内的水分的，所以如果不是真的饿了，最好别吃东西。"爸爸听完，投去赞许的目光。

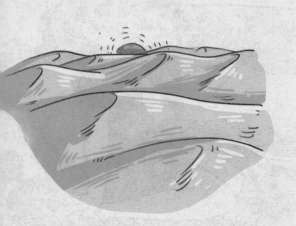

三人在树林里一直待到了傍晚，才重新出发。乔治和琳达从没见过夕阳下的沙漠，简直太美了，三人顿时忘了一天的疲劳。

★在沙漠地带行走时，最好白天待在阴凉处休息，太阳落山后再出来活动。

★在沙漠里不要随便吃东西，因为消化食物需要消耗体内的水分。

★在沙漠里千万不可脱去衣服，因为衣服不仅可以防止皮肤被强烈的阳光灼伤，还可以有效地保持身体的水分。

★在沙漠地带行走时，不要直接躺在燥热的沙地上，另外，一定要注意防风沙。

遭遇泥石流

前天刚刚下了一场大雨，城市里燥热的天气有了一丝缓解。可是今天这温度又"噌"的一下上去了，难得的清凉又不见了。

晚饭后，妈妈对乔治和琳达说："亲爱的，明天咱们去姨姥家避暑好吗？"乔治和琳达高兴得跳了起来，要知道，他们可是好几年没去姨姥家了。

第二天一大早，一家人开着车就往姨姥家去了。姨姥家的村子很偏僻，车子只能开到镇上。

129

一家四口只好背着包，小心地走在乡间小路上。山路上到处沟沟坎坎，非常难走。爸爸妈妈把包都背在了自己身上，然后小心地拉着两个孩子，慢慢向村子前进。

终于来到一块稍平整点的山谷间的开阔地，一家人坐在地上准备休息一会儿再走。这时候，山谷里突然传来一声雷响。

乔治抬头看了看天空，说："这天好端端的，怎么会有雷声呢？"琳达也说："是啊！难道要下雨了？"

爸爸做了个别出声的手势，他侧着耳朵听了一会儿，脸色马上阴沉了下来。看着爸爸的表情，妈妈好像明白了什么，她突然大声喊道："快……孩子们，快往山上跑，快……"

乔治和琳达还没反应过来，爸爸妈妈就拉着他们往山上跑，连包都不要了。

● 这一突然行动，把乔治和琳达给吓坏了，琳达带着哭腔问道："爸爸妈妈，这是怎么了？跑什么啊？"

爸爸妈妈根本没时间跟乔治和琳达解释，只是低头拉着兄妹两个往山顶上跑。琳达喘着粗气说："我……我跑不动了，能休息———一下吗？"

妈妈说："宝贝，坚持……一下好吗？这地方绝对不能停留，很危险的。一定……一定得到山……山顶……"

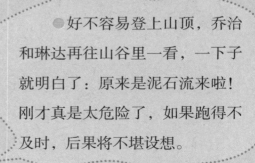

好不容易登上山顶，乔治和琳达再往山谷里一看，一下子就明白了：原来是泥石流来啦！刚才真是太危险了，如果跑得不及时，后果将不堪设想。

乔治拍了拍胸口，说："可惜了我们带来的那么多好吃的。对了，爸爸，那我们怎么下去啊？"

●爸爸说："我们先在山顶上好好休息，休息好了我们再往山的另一边走，那边没有发洪水，也不会有泥石流。"

妈妈也说："是啊！我知道该怎么下山，放心吧，宝贝们！"

★雨后走在山谷里时，要注意观察周围环境，留意是否传来打雷般的声音，如果有，要引起注意，因为这可能是泥石流到来的前兆。

★沿山谷行走时，如果遇上大雨，要迅速转移到附近安全的高地，不要在山谷逗留，以免被泥石流掩埋。

★发生泥石流后，千万不要往泥石流的下游走，应该马上往与泥石流成垂直方向的两边山坡上跑，越快越好，越高越好，最好不要在中途停留。

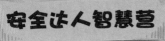

1. 独自骑自行车时，下列哪种做法是正确的？（　）

A.集中注意力，用余光关注身边来往的行人和车辆

B.双手离把耍杂技

C.边骑车边听音乐

D.边骑车边背课文

2. 上下楼梯的时候，下列哪种行为是正确的？（　）

A.与其他人保持一定距离

B.和同伴推搡打闹

C.三五同伴肩并肩一起走

D.猛跑快行

3. 假设你被困在电梯里，下列哪种行为是正确的？（　）

A.乱蹦乱跳

B.猛踹电梯门

C.按响电梯内警铃

D.试图利用手边的物品撬开电梯门

4. 假设郊游时遇到了马蜂，你该怎么办？（　）

A.掉头就跑

B.原地趴下不动，尽量用衣物将头部包裹起来

C.用石头打马蜂

D.喝口水喷马蜂

5. 如果街边有陌生人和你搭讪，你该怎么办？（　）

A.不理他直接走开

B.跟他聊几句

C.把他领回家

D.如果他发出邀请，那就跟着走

6. 假如途经正在施工的工地，正确的做法是什么？（　）

A.趁人不备溜进去玩一会儿

B.尽量绕行

C.停下来看热闹

D.捡拾废弃物当玩具

7. 假如你在郊游的时候，听到有人喊救命，怎样的做法最合适？（　）

A.立刻寻声跑去救人

B.向家长或老师汇报，请求援助

C.假装没听见

D.约上两个同学前去救援

8. 雷雨天气里，从事下列哪种活动比较适宜？（　）

A.放风筝

B.在室内下棋

C.爬山

D.打水仗

答案：1.A　2.A　3.C　4.B　5.A　6.B　7.B　8.B